MÉMOIRE

SUR

LES FORGES A FER,

PAR M. ROBERT DE GUIGNEBOURG.

MÉMOIRE
SUR
LES FORGES A FER,

PAR M. ROBERT DE GUIGNEBOURG,

Qui, en 1756, remporta le Prix des Arts de l'Académie de Besançon : elle avoit donné pour son sujet la meilleure maniere de construire & gouverner un fourneau, de fondre les mines de fer relativement à leurs différentes especes, de diminuer la consommation des charbons, &c.

LE fer est, de tous les métaux, le plus utile : si le besoin qu'en a, chaque jour, l'homme de tous les états ne suffisoit pas pour l'en convaincre & pour dissiper l'ivresse de l'or qui séduit, depuis plus de cent cinquante ans, l'Europe sans augmenter ſes richeſſes, un coup d'œil jetté ſur l'Hiſtoire des anciens Peuples guériroit d'une maladie ſi funeſte à nos mœurs. Les Romains, dont le bien public fut long-temps l'idole, défendoient, ſous peine de la vie, le tranſport du fer (1); celui de l'or (2) n'étoit pas ſi ſévérement puni. Ces maîtres du monde avoient compris qu'un Empire, où l'Agriculture eſt en honneur, qui a une forte Marine, de grandes routes ouvertes pour la facilité du commerce, des villes conſidérables où on éleve à chaque inſtant des édifices, & ſouvent la guerre avec ſes voiſins, ſeroit ſouvent expoſé à en recevoir la loi, ſi, par une exploitation éclairée, il ne tiroit de ſon ſol tout le produit des mines de fer qu'il renferme.

Les Rois de France, depuis Charles VI juſqu'à Louis XIII, étoient pénétrés de cette vérité: que de ſoins & d'attentions ne voit-on pas dans leurs Édits & Déclarations pour favoriſer l'extraction des mines? des Officiers prépoſés pour exécuter leurs ordres, des Ouvriers bien payés

(1) *Leg. II, Cod. quæ res exportari non debeant. Nemo alienigenis barbaris, &c.*

(2) *Leg. II, de Comment. & mercatoribus Non ſolum barbaris, &c.*

& honorés de priviléges, des Juges résidens sur les lieux pour y entretenir le bon ordre & empêcher la perte du temps, inévitable lorsqu'on va chercher au loin la justice, des Chirurgiens gagés pour secourir les blessés.

Henri II, qui estimoit autant le fer & l'acier que l'or & l'argent, donna, au mois de Septembre 1548, au sieur Roberval, Seigneur de la Roque, son Gouverneur des Mines, permission de vendre à l'Etranger tout ce qui sortiroit des minéraux & semi-minéraux, à l'exception *des cendres de l'or & de l'argent, du fer & de l'acier.*

Henri IV essaya, en 1601, de diminuer le désordre que les troubles avoient causé dans le traitement des mines; il créa en titre d'office un Grand-Maître Réformateur; mais malgré les soins de cet Officier, on porta, en 1608, au Conseil du Roi des plaintes contre la qualité des fers, & on demanda le rétablissement du fer doux.

Louis XIII, qui craignoit l'emploi des mauvais fers dans son Royaume, ordonna, par son Edit de 1626, que les fers aigres seroient marqués de la lettre *A*, & que les fers doux le seroient de la lettre *D*. Il imposa, pour tenir lieu de l'ancien dixieme, 10 sols par quintal de fer, dont une partie étoit destinée à payer les Commis chargés de veiller à la marque. Cet impôt, appellé depuis, *droit de la marque des fers*, a toujours été levé par des Fermiers, quoiqu'on ait cessé il y a long-temps, au préjudice du Public, de marquer les fers de la lettre destinée à lui en indiquer la qualité. Louis XIII permit alors la sortie des fers aigres, & défendit, sous peine de mille livres d'amende, l'exportation des fers doux. Ce Prince fixa à dix sols par quintal le droit d'entrée des fers doux de l'Etranger, & à douze sols par quintal celui du fer aigre.

Il paroît que, jusqu'à cette époque, la France avoit tiré de son propre fonds tout ce que les mines de fer contiennent de nécessaire à la société: l'Etranger avoit peut-être apporté, avant 1626, un peu de fer dans le Royaume; mais il est vraisemblable que cette importation n'avoit pas paru de conséquence, puisque le Roi avoit différé d'y imposer des droits d'entrée.

Le droit du dixieme, que les Rois avoient levé, en nature, sur les mines jusqu'au regne de Henri IV, dont ce bon Prince fit en 1601 le sacrifice pour contribuer à la perfection de l'art des Forges, fut converti, en argent, sous le regne de Louis XIII. Pour en faciliter la perception, il ordonna, en 1635, sur les représentations de Philbert Lauriot son Fermier, que le droit qu'on levoit sur le fer seroit, à l'avenir, perçu sur la fonte à raison de..... par quintal, & il contraignit les Maîtres de forges à mouler leurs gueuses ou lingots de fontes dans des moules numérotés. Lauriot n'avoit d'autre intérêt que de gagner sur son marché; aussi ne prit-il aucunes mesures pour améliorer l'exploitation des mines: son unique soin fut de se garantir des fraudes qu'il craignoit de la part des Maîtres de forges; & c'est ainsi qu'en ont toujours usé les Sous-fermiers ou Fermiers généraux qui, jusqu'à ce jour, ont joui par bail du droit de la marque des fers: ils l'ont fait lever par des Directeurs de Province, dont les Commis ont, dans tous les temps, fait des procès, sans nombre, aux Maîtres de forges, ce qui a gêné leur liberté si nécessaire au progrès des Arts.

Le dépérissement de l'art des forges est donc une suite nécessaire de la suppression des visites qu'y faisoient autrefois des hommes éclairés, des tracasseries qu'on y éprouve de la part des Commis du droit de la marque, & de l'abolition, faite par l'Edit de 1715, des priviléges qui soutenoient encore les talens de quelques

Maîtres de forges, jaloux de se conserver, eux & leurs familles, dans un état où il y avoit de la distinction. Aussi ne doit-on pas être surpris de l'embarras où s'est trouvé l'Auteur de l'Encyclopédie, article Forges, qu'il n'a pu bien traiter faute de connoissances assez amples.

» La manufacture de fer, dit cet Auteur, le » plus nécessaire de tous les métaux, a été » jusqu'ici négligée : on n'a point assez cherché » à connoître une veine de mine, à lui donner » ou à ôter les adjoints nécessaires ou contrai- » res à la fusion & la façon de la convertir en » fer utile au Public....... Le fer remue la » terre, il ferme nos habitations, il nous dé- » fend, il nous orne : il est cependant assez » commun de trouver des gens qui regardent » d'un air dédaigneux le fer & le Manufactu- » rier. La distinction que méritent des manu- » factures de cette espece devroit être par- » ticuliere, &c.

On a cependant donné des Mémoires sur les forges ; pourquoi n'ont-ils pas satisfait l'Auteur de l'Encyclopédie ? c'est qu'il faut avoir de grandes connoissances de cet art pour choisir ce qui peut être utile dans des ouvrages aussi volumineux, dont, par cette raison, le Public ne fait aucun usage.

Les Papiers publics nous apprennent que les Etrangers n'en ont pas été plus contens : le Directoire royal des finances, guerre & domaines de Berlin, demanda, en 1767, dans la Gazette d'Agriculture, Arts, &c. de France, » la meilleure forme de construire un fourneau » pour la fonte des mines de fer. »

La Société Impériale de Klagenfurth demanda, dans la Gazette d'Agriculture du 20 Juillet 1771, » quelle est la méthode la plus sûre, la » plus avantageuse, la plus économique de » faire le charbon de bois à l'usage des grandes » forges & des mines, & quel est le bois le » plus propre à cet usage. »

La même Société fit la même demande par la voie de la Gazette d'Agriculture du 7 Avril 1772, en ces termes : » Quelle est la méthode » la meilleure de réduire ou de cuire le bois » en charbons pour l'usage des fourneaux & » machines, & quelles sont les meules préfé» rables ou celles dans lesquelles le bois est » posé perpendiculairement, ou celles dans » lesquelles il est horizontalement rangé ? »

Enfin le Directoire Prussien demanda, dans la Gazette d'Agriculture du 26 Juin 1773, » les » moyens d'améliorer les fers fragiles & de leur » ôter toute leur fragilité. *Usus efficacissimus*

» *usuum omnium magister.* Plin. Hist. Natur. » l. 25, ch. 2. »

Il est donc évident qu'on s'alarme en Europe, & avec raison, de la consommation excessive des charbons dans les forges à fer, puisqu'on cherche dans une de ses parties des mieux boisées les moyens d'obtenir, par une cuisson faite sur de bons principes, une plus grande quantité & une meilleure qualité de charbons; cette branche perfectionnée produiroit, sans doute, de grands avantages; il en résulteroit aussi beaucoup d'une méthode aisée & peu dispendieuse propre à ôter toute la fragilité des fers, sujets, lorsqu'on les met en œuvre, à un quart au moins de déchet: ces deux branches, quoique très-fortes, ne feroient cependant que la moitié, ou environ, du bénéfice qu'on pourroit retirer d'une meilleure administration des forges; on va le démontter par le tableau général des travaux de celles de France & le détail des objets qui ont besoin d'être améliorés: ensuite on donnera le résultat de ce tableau, celui des moyens d'économie & une façon aisée de les mettre en pratique à peu de frais, avec les avantages qui en résulteroient pour tous les ordres de l'Etat.

Tableau général du travail des Forges à fer de France.

Les principales branches qu'il eſt néceſſaire de perfectionner dans les forges de France pour qu'on puiſſe y fabriquer tout le fer & l'acier dont on a beſoin pour l'Artillerie, l'Agriculture, les tranſports occaſionnés par le commerce, pour la marine, les édifices & les outils de toute eſpèce, ſont ;

1°. Le lavage des mines.

2°. La conſtruction des grands fourneaux.

3°. La converſion des bois en charbons.

4°. Les foyers où l'on convertit la fonte en fer maléable.

5°. Les remèdes propres à ôter aux fers leur fragilité.

6°. L'art du Souffletier en bois.

7°. Les gros marteaux.

8°. Les fours de reverbere.

9°. Le chauffage des Forgerons.

Les mines de fer ſont ſi chargées de matieres étrangeres fortement attachées à leurs grains, qu'il eſt très-difficile de les bien laver : le ſieur Robert de Guignebourg, qui faiſoit valoir, en 1756, la forge de Ruffec pour ſon compte, mécontent des lavoirs dont sa famille se servoit depuis plus de quatre-vingts ans, & les seuls en usage dans presque tout le Royaume, en imagina un fort simple, peu coûteux & qui épure la mine autant qu'il est possible, eu égard à la forme irréguliere de son grain. Aussi peu satisfait de la construction des grands fourneaux, le sieur de Guignebourg en changea les dispositions; il diminua la quantité de charbons qu'on y portoit par chaque charge, & il obtint, à l'aide de son lavoir & de ces changemens, un cinquieme d'économie sur la consommation des charbons, & beaucoup plus de pureté dans la fonte.

L'Académie de Besançon ayant demandé, cette même année 1756, pour sujet de son Prix des Arts, la meilleure maniere de fondre les mines de fer, &c. le sieur de Guignebourg lui envoya son Mémoire qui remporta le Prix.

Le feu Roi, à qui on rendit compte de ce Mémoire en 1758, ordonna qu'on le mît à l'impression; & sur le rapport qui fut fait, quelque temps après, à Sa Majesté, de l'avantage qui en résultoit, elle accorda au sieur de Guignebourg des lettres de noblesse les plus distinguées.

Au mois de Février 1762, feu M. l'Evêque

de Bâle, qui ne trouvoit plus en Suiſſe ni en Allemagne des ouvriers capables de fondre ſes riches mines de fer, s'adreſſa au ſieur de Guignebourg, qui ſe rendit dans ſes forges, où il fit monter un fourneau, dont les riches fondages ont, depuis cette époque, conſtamment ſoutenu & augmenté le revenu des Manufactures de ce Prince.

Ces fourneaux établis dans l'Angoumois, le Poitou, le Perche & la Bourgogne, y ont produit les meilleurs effets : ils auroient été plus conſidérables ſi on eût profité du lavoir du ſieur de Guignebourg, dont le deſſin n'a pas été entendu des Maîtres de forges, quoique fait, ainſi que celui des fourneaux, par le fameux Blondel, Profeſſeur à Paris; ce qui prouve la néceſſité de faire dans les forges, comme autrefois, des viſites pour y porter, de l'une à l'autre, les bonnes découvertes.

Le lavoir du ſieur de Guignebourg ſeroit, ſur-tout, eſſentiel pour épurer les mines deſtinées à mouler des canons, dont les défauts, cauſés ſouvent par un grain de matiere étrangere, nuiſent néceſſairement au Fabricant ou à l'Etat.

Quand on a des mines bien lavées & réduites à la groſſeur d'un petit œuf de pigeon, avec des fourneaux conſtruits ſur de bons principes, il faut, pour y fondre avec économie, choiſir les meilleurs charbons : on les fait depuis long-temps, par routine. Il ſeroit cependant de la derniere conſéquence pour un Etat, où, ſans compter les canons, tuyaux, boulets, marmites & autres mouleries, on coule 377 millions 600 mille livres de fontes deſtinées à convertir en 236 millions de livres de fer, à quoi on porte la fabrication nationale, il ſeroit, dis-je, de la derniere conſéquence d'adopter généralement la meilleure façon de convertir en charbons les bois deſtinés à l'approviſionnement des forges.

Le ſieur de Guignebourg s'eſt procuré le Mémoire de M. Rigoley, Maître de la forge d'Aizy près Montbard en Bourgogne, concernant les procédés qu'il pratique, depuis dix à douze ans, pour la cuiſſon des charbons relativement à l'eſpèce des bois & du terrein, & au moyen deſquels il obtient un ſixieme plus de charbons & d'une qualité ſupérieure qu'en faiſant cuire les bois par les meilleurs Charbonniers qui fourniſſent Paris. Ce Mémoire, deſtiné pour répondre aux demandes de la Societé Impériale de Klagenfurth, ſervira d'abord, du conſentement de M. Rigoley, auſſi bon citoyen qu'excellent Maître de forges, à enrichir la

France ; qui a ſi grand beſoin d'économiſer le reſte de ſes bois.

Pour réduire les fontes en fer maleable, on ſe ſert en France d'affineries qui font le fer brute, & de chauffries où on l'étend en barres : il eſt prouvé, par les Livres des forges du Prince Evêque de Bâle, qu'en faiſant les deux opérations dans un ſeul foyer, qu'on nomme chauffrie allemande, on gagne ſept pour cent ſur les matieres. La raiſon en eſt ſimple ; lorſqu'on a réduit en fer brute (qu'on appelle encrenée) la portion de gueuſe fondue & travaillée à l'affinerie, ſi on la reporte dans le même fourneau pour la chauffer, à l'effet de l'étendre en barres, elle y eſt impregnée &, pour ainſi dire, nourrie dans le flogiſtique qui ſe détache à chaque inſtant de la gueuſe & qui conſerve une portion du métal que le feu conſomme dans la chauffrie, où elle ne trouve pas le même préſervatif. Cette méthode, connue dans quelques Forges de Bourgogne, de Champagne & de la Franche-Comté, devroit être générale en France.

Quelques précautions qu'on prenne pour épurer la mine, il ſe trouve toujours dans la fonte des parties étrangeres au métal : c'eſt pourquoi les Anciens, au rapport d'Agricola, ſe ſervoient de la chaux pour purifier le fer. Ce ſecret admirable qu'on avoit perdu, vient d'être retrouvé par M. Rigoley qui, depuis quinze ans, s'en ſert dans ſes foyers, où il fait convertir en fers d'une qualité ſupérieure, la fonte de ſes mines qui, avant lui, donnoient du fer qu'on ne pouvoit même employer aux uſages de la forge.

Pour réduire la mine au grand fourneau & convertir en fer la fonte aux foyers de la forge, on a, de tout temps, eu beſoin d'y entretenir la vivacité du feu à l'aide de deux grands ſoufflets : ils étoient, en partie, de cuir avant la découverte des ſoufflets en bois, une des machines qui, par ſa ſimplicité & ſes proportions, honore le plus l'eſprit humain. Ce fut un Suiſſe qui l'apporta en France vers la fin du dernier ſiecle ; il fourniſſoit des ſoufflets qui étoient encore bons après trente-cinq ans de ſervice. Cet art, qui a tant acquis (1) chez l'Etranger, eſt ſi fort dépéri en France, qu'aujourd'hui la majeure partie des ſoufflets neufs ſont très-foibles, & ne valent plus rien après douze à

---

(1) Le ſieur de Guignebourg a fondu, en 1762, la mine du Prince Evêque de Bâle avec des ſoufflets qui étoient au fourneau depuis ſoixante ans.

quinze ans de travail. En calculant au plus bas, on estime le produit d'un foyer de forge, garnie d'une paire de soufflets de l'ancienne espece, pour la quantité & la qualité du fer, d'un quart au-dessus de celui d'un foyer qui seroit chauffé par une paire de soufflets de l'espece nouvelle. Il seroit donc de la derniere conséquence, & très-facile (1), de rétablir un art si nécessaire à la fabrication françoise.

Le principal agent d'une forge est le gros marteau, qui pese pour l'ordinaire de huit cents à un millier: (il y a dans quelques forges deux marteaux, un gros & un médiocre). Cette lourde masse se fait avec un grand soin, de petites pieces de fer raffiné & battu soudées les unes aux autres; mais il n'est pas possible, malgré cela, que le travail continuel d'un aussi gros agent ne lui cause souvent des cassures, dont la réparation coûte tous les ans beaucoup de journées, de fers & de charbons: on a réussi dans quelques forges à travailler avec des

---

(1) Il y a sur une des montagnes de la Principauté de Bâle un fameux Souffletier, qui offrit en 1770 au sieur de Guignebourg d'apprendre tout ce qu'il sçait, dans le cours de deux ans, à de jeunes Menuisiers intelligens, moyennant 600 livres par tête.

marteaux de fonte, mais il y en a encore plus des deux tiers où on n'a pu les adopter à cause de la fragilité de la matiere, &, sans doute, parce que les modeles pour les mouler n'avoient pas une juste proportion; le Marteleur de la forge de Dampierre dans le Perche (1), l'ayant ainsi soupçonné, demanda, il y a quatre à cinq ans, à son maître de forge la permission d'essayer un modele dont il avoit fait exécuter toutes les proportions; il fit, en effet, mouler quatre marteaux d'une fonte avec laquelle on en avoit fait autrefois, qui cassoient au premier choc; deux de ces quatre derniers ont fait le travail de la forge, qui est considérable, sans avaries, pendant deux ans: si on adoptoit cette méthode dans toutes les forges qui travaillent avec des marteaux de fer battu, on économiseroit beaucoup de temps & de matieres: les marteaux de fonte acquéreroient encore un degré de solidité si on les mouloit dans la chaux éteinte à l'eau, & qu'aussi-tôt la fonte entrée dans le moule, on la couvrît d'un pouce d'épaisseur de cette matiere bienfaisante.

Le besoin des petits fers à l'usage du Cloutier, Serrurier, &c, qu'on ne peut faire avec un

(1) Jean Foulebeuf.

lourd

lourd marteau, a fait imaginer les fendries; & il seroit à desirer, pour l'économie de la fabrication, qu'on se servît de cette belle machine à réduire à une épaisseur desirée tous les fers, à l'exception de ceux qu'on destine aux essieux, aux courbes & autres grosses pieces des vaisseaux, & aux fortes barres qu'il faut quelquefois pour l'Architecture : en faisant quelques changemens aux fours de reverbere employés à chauffer le fer à fendre, on économiseroit une assez grande quantité de bois; le sieur de Guignebourg fit monter, en 1754, un four de reverbere qui chauffoit le fer avec un quart moins de bois que les fours ordinaires : on épargneroit aussi beaucoup d'acier très-fin & des charbons, si on faisoit adopter dans toutes les fendries les justes proportions des taillans non acérés du Fendeur (1) de la forge de Dampierre, qui durent plus que ceux qu'on charge d'acier, & qui fendent le fer aussi proprement & avec autant de vîtesse.

On employe dans les quatre cent soixante-douze forges, où on estime que se font les 236 millions de livres de fers, à quoi on porte, sur les mémoires envoyés par les Intendans de

(1) François Moisy.

Province, la fabrication françoise, 4720 familles de Forgerons, à raison de dix ménages par forge, ils sont, pour la plûpart, chauffés avec du charbon qu'ils brûlent sans mesure; & il est certain qu'un de ces ménages consomme par an la valeur de trente-quatre cordes de bois. Il seroit aussi bien chauffé & plus sainement en lui donnant douze cordes; le Maître de forges économiseroit par là, chaque année, deux cent vingt cordes de bois, qui, multipliées par le nombre des forges où regne cet abus, seroient un objet d'économie d'une grande conséquence pour l'Etat.

Les huit principales branches de l'art des forges bien perfectionnées, augmenteroient de beaucoup la fabrication, & on la porteroit encore plus loin, en donnant aux arbres, roues, tourillons, & autres machines, toute la perfection dont elles sont susceptibles.

Pour conduire régulierement le jeu des soufflets des fendries & des gros marteaux, il faut les mouvoir avec une roue à eau faite avec art; mais nous avons très-peu de Charpentiers, même d'un sçavoir médiocre; la plûpart sont des ignorans : de là vient qu'avec le meilleur bois ils font très-souvent des roues de peu de durée, & dont la forme est rarement relative au courant qui doit les faire tourner.

Nos Charpentiers ignorent la méthode usitée chez l'Etranger, de ne plus percer les arbres pour y mettre la roue : on fait, sur l'endroit de l'arbre où elle doit être placée, une garniture qu'on nomme manchon (1) ; les bras de la roue y sont solidement assujettis, &, par ce moyen, on augmente souvent de moitié le service de ces arbres, qui manquent, presque toujours, par les mortaises qui reçoivent les bras de la roue, ce qui est d'une conséquence encore plus grande pour les arbres du gros marteau, qu'on fait ordinairement de quatre grosses pieces.

Tous ces ouvriers employent une longue perche pour relever alternativement les soufflets, sur-tout ceux de la forge. Cette perche, élastique quand elle sort de la forêt, devient bientôt si rude, qu'elle rend le travail de la roue difficile & fatiguant ; elle cause aux soufflets un jeu irrégulier qui les altere & qui occasionne une consommation inutile de charbons & beaucoup de retard dans la fabrication, ce qu'on éviteroit facilement, en substituant à cette per-

(1) Le sieur de Guignebourg a vû de ces arbres à manchon dans les forges du Prince Evêque de Bâle, où on pourroit envoyer de jeunes Charpentiers prendre des leçons.

che mal imaginée deux balanciers qui releveroient toujours également les soufflets.

Les Charpentiers de forges percent (1) mal l'endroit des arbres où ils doivent placer les tourillons, à qui s'ils ne donnent, que par hasard, les proportions relatives à la grosseur & longueur des arbres, à la hauteur des roues & au volume d'eau qui les meut ; d'où il arrive beaucoup de lenteur dans la fabrication, de fréquens dérangemens dans la machine & le dépérissement des arbres, qui sont toujours, par leur alignement & leur grosseur, les plus précieux d'une forêt.

L'économie des bois qu'on doit avoir en vue dans le traitement des mines de fer, dépend, en partie, de la juste proportion des machines & de leur simplicité : il faut les em-

---

(1) M. de Courcelle, qui vient d'établir une forge à Valençay en Berri, a inventé des tourillons, qui se placent aisément & sans faire à l'arbre une grande mortaise ; il a aussi fait son arbre de marteau plus simple & moins chargé de fers ; ses roues n'ont point de clous, & ont été adaptées aux arbres sans les percer. Il est fâcheux que des accidents naturels, en traversant son entreprise, lui aient ôté le temps & la faculté d'ajouter à ces machines toutes les perfections qu'il se proposoit de leur donner.

ployer par préférence à l'atelier du gros marteau qui éprouve les plus grands efforts, & dont la construction est faite avec les plus grosses pieces de bois. M. Rigoley, Maître de forge d'Aizy, toujours actif & rempli de zèle pour la perfection de son art, inventa, ~~il y a trois ou quatre ans~~, un atelier pour soutenir le travail de son gros marteau, si simple, qu'on est surpris, quand on entre dans sa manufacture, de l'aisance qu'il a procuré à ses ouvriers, en supprimant de cet atelier la piece de bois qu'on nomme le drôme, &, sans contredit, la plus grosse, après la poupée, qu'il soit possible d'employer dans la construction d'une forge à fer. Un pareil atelier, servi par l'arbre & la roue de l'invention de M. de Courcelle, lorsqu'ils auront toute la perfection qu'il se propose de leur donner, seroit porté à un tel point de perfection & de simplicité, qu'on auroit bien de la peine à l'augmenter; la fabrication deviendroit par là plus facile & plus prompte; elle consommeroit moins de ces grosses pieces de bois, qu'on trouve à présent avec beaucoup de peine & très-loin des forges.

RÉSULTAT du Tableau général des Forges à fer de France.

236..... Millions de livres de fers, dont 90 millions caſſants, ſont fabriqués tous les ans dans quatre cent ſoixante-douze groſſes forges (1).

Lorſqu'on employe du fer caſſant, on éprouve au moins un quart de déchet; ce qui en reſte eſt d'un mauvais ſervice & fort dangereux.

4..... Millions 720 mille cordes de bois de 8 pieds de couche, 4 pieds de hauteur, la buche de 2 pieds & demi entre les entailles, qui rendent 15 millions 733 mille ſacs de charbons, le ſac peſant 100 liv. (2) poids de marc, ſe conſomment dans la fabrication.

Ces cordes, cuites par des Char-

---

(1) Il y a en France quantité de petites forges & pluſieurs médiocres; mais pour ſimplifier ce tableau, on a examiné la fabrication des 236 millions, faite dans 472 groſſes forges.

(2) Le poids du ſac varie, ſuivant l'eſpece du bois & du terrein où le charbon eſt cuit.

bonniers à routine, donneroient un ſixieme plus de charbons ſi on les cuiſoit avec méthode.

472 grands fourneaux réduiſent les mines en fontes, & conſomment 8 millions 980 mille ſacs de charbons, qui rendent 377 millions 600 mille livres de fontes. Ces fourneaux ſont, en général, mal conſtruits ; on y brûle des mines mal lavées, ce qui cauſe une conſommation exceſſive, au moins d'un cinquieme en charbons.

La perte eſt égale, par les mêmes raiſons, à l'égard des fourneaux à faire des canons, tuyaux, marmites & autres mouleries.

944 affineries convertiſſent la fonte en fers brutes. 472 chaufferies étendent ces fers en barres.	Ces foyers conſomment 6 millions 753 mille ſacs de charbons.

On ôteroit aux fers caſſants toute leur fragilité, ſi on uſoit dans ces foyers d'une matiere qui eſt très-commune auprès des forges.

On économiseroit beaucoup de fontes & de charbons, en substituant à toutes les affineries des chauff ies allemandes, où les deux opérations se font ensemble, & qui sont en usage dans une partie de la Bourgogne, de l'Alsace & de la Franche-Comté.

36..... millions de livres de fers, ou environ, sont fendues par 240 fendries.

36 mille cordes de bois entretiennent les fours de reverbere qui chauffent le fer à fendre.

On diminueroit leur consommation en changeant quelques-unes de leurs parties.

472 marteaux de huit cent à un millier pesant, dont 172 seulement sont de fonte, forgent tous les fers.

Les trois cent marteaux de fer battu sont sujets à des réparations qui font perdre annuellement beaucoup de temps, de fers & de charbons.

1888 paires de soufflets en bois, animent l'activité du feu dans les 472 forges.

La moitié au moins de ces soufflets ne valant rien, cause une consommation d'un huitieme de plus en charbons.

2840 roues à eau font mouvoir toutes les machines.

On éviteroit la consommation d'une quantité de gros arbres si on ne les perçoit pas pour y mettre la roue.

4720 familles domiciliées dans les 472 forges, à raison de dix ménages par forge, en soutiennent les travaux. Il y en a environ les trois quarts qu'on chauffe avec du charbon : en les chauffant avec du bois, on feroit une économie assez considérable.

Tous, ou presque tous ces ouvriers, n'ont ni méthode ni émulation.

RÉSULTAT *des moyens de perfection & d'économie propres à augmenter la fabrication dans les 472 forges.*

	AUGMENTATION de FABRICATION.	
	Millions.	Milliers.
2 millions 622 mille sacs de charbon de bénéfice que donnera la méthode éprouvée d'un Maître (1) de forge de Bourgogne, lorsqu'elle sera employée à cuire les 4 millions 720 mille cordes destinées à la fabrication générale, l'augmenteront d'un sixieme, ci	39	333
1 million 796 mille sacs de charbon d'économie sur la consommation des 472 grands fourneaux, lorsqu'ils fonderont des mines bien lavées & qu'ils seront construits sur les plans du sieur Robert de Guignebourg, augmentera la fabrication de . .	28	960
En mettant avec précaution de la chaux sur la gueuse (2)	68	293

(1) M. Rigoley, Maître de forge à Aizy près Montbard.

(2) Gueuse est le nom qu'on donne au lingot de fonte qu'on coule au grand fourneau.

dans les foyers de la forge, on donnera une qualité (1) supérieure aux 90 millions de fers caſſans, ce qui évitera 22 millions 500 milliers de déchet, auquel ils ſont ſujets, & qui équivaudra à la fabrication d'un pareil nombre, ci..........

L'établiſſement des chauffries allemandes dans les 300 forges, où on eſtime qu'on ſe ſert d'affineries, économiſeroit (2) la quantité de fontes & de charbon néceſſaires à fabriquer 9 millions 900 milliers, ci.....

Le changement de quelques parties des fours de reverbere économiſeroit, ſur leur conſommation, 9 mille cordes de

AUGMENTATION de FABRICATION.	
Millions.	Milliers.
68	293
22	500
9	900
100	693

(1) M. Rigoley a changé avec ce remede la mauvaiſe qualité des fers de la forge d'Aizy, où depuis dix ans ils ſont excellens.

(2) Il eſt certain, par les Livres des forges de M. l'Evêque de Bâle, qu'il y a ſept pour cent de bénéfice ſur les matieres, en fabriquant dans les chauffries allemandes par préférence aux affineries.

	AUGMENTATION de FABRICATION.	
	Millions.	Milliers.
bois, qui rendroient 30 mille ſacs de charbons, & augmenteroient la fabrication d'envi-	100	693
ron 440 milliers, ci........	....	440
Si on rétabliſſoit dans ſa perfection l'art du Souffletier en bois, on économiſeroit un huitieme ſur la conſommation des charbons, ce qui augmenteroit la fabrication de......	29	500
En ſubſtituant aux 300 marteaux de fer battu des 300 forges autant de marteaux de fonte, on gagneroit tous les ans au moins 18 cent journées qu'on employe à les réparer, & pendant leſquelles on pourroit fabriquer plus de 3 millions 600 milliers, ci pour *mémoire*..		
On éviteroit la perte de 45 milliers de fers qui ſe conſomment pendant les 18 cent journées, ce qui équivaudroit à la fabrication de.........	....	45
	130	678

	AUGMENTATION de FABRICATION.	
	Millions.	Milliers.
On économiseroit 36 mille sacs de charbons qui se consomment à faire ces réparations, & qui augmenteroient la fabrication de	130	678 540
Nota. La perte occasionnée par les réparations des marteaux de fer battu, est calculée au plus bas, parce que la consommation des charbons est un peu plus forte lorsqu'on réduit en fer des marteaux de fonte usés, que si on brûloit de la gueuse.		
En chauffant avec du bois les 10 ménages des 300 forges qu'on chauffe avec du charbon, on en économiseroit tous les ans 340 mille sacs, qui augmenteroient la fabrication de	5	142
CAPITAL de l'augmentation de fabrication, 136 millions 360 milliers de livres de fers ..	136	360

L'économie qui résulteroit de ces opérations

rempliroit, un jour, plus que les besoins de l'Etat; elle faciliteroit des établissemens qui manquent en France, comme des Fabriques d'acier fin naturel, des Manufactures de limes & de faulx que l'Etranger vend à un prix exorbitant. Les forges du Prince Evêque de Bâle pourroient nous servir de modeles: il y a quinze ou seize ans on n'y fabriquoit que d'excellens fers avec des mines de l'espèce de celles du Berri. On y fait, en outre, depuis cette époque, de l'acier (1) semblable au meilleur d'Allemagne.

Presque tous les Maîtres de forges, & leurs Ouvriers, ou ne lisent point les Mémoires concernant les découvertes qui leur seroient utiles, ou ils négligent d'en faire usage; c'est pourquoi il semble que pour mettre en pratique, dans les forges de France, les moyens de perfection & d'économie proposés, il faudroit les y faire goûter par une douce instruction, soutenue de l'espoir des récompenses. On exécute-

(1) C'est par les conseils, & d'après les Mémoires de Mrs le Maire, propriétaires de la forge à acier de la Hutte en Lorraine, que le Prince a formé son établissement.

roit, à peu de frais, ce projet si on en confioit l'exécution au Directeur de la Régie du droit de la marque des fers, qui commencera, pour le compte du Roi, au 1er Octobre prochain, & qu'on auroit choisi entre tous ceux qui auroient acquis le plus de lumieres sur cette partie si intéressante pour l'Etat.

Devoirs du Directeur général de la Régie du droit de la marque des fers.

Article Premier.

Le Directeur général des fourneaux, forges à fer & à acier du Royaume, feroit chargé de visiter, alternativement, pendant deux ou trois mois de l'année, les manufactures de chaque Province.

II.

Il y feroit bien reçu des Maîtres de Forges si on lui donnoit le pouvoir de les abonner pour le droit de la marque, en fixant avec eux une année commune sur plusieurs années de la Régie des Fermiers généraux : par ce moyen le Roi percevroit exactement son droit, la liberté des Fabriquants ne feroit plus gênée par l'exercice, souvent tumultueux, d'une foule de petits Commis dont on économiseroit les frais qu'on pourroit destiner à réveiller l'émulation des Artistes & de leurs ouvriers.

III.

Le Directeur y proposeroit aux maîtres de l'art d'établir le meilleur lavage des mines, de monter des fourneaux propres à les fondre avec économie, & de faire cuire les bois avec méthode,

thode : il n'y en a point d'assez négligens pour ne pas se rendre à des invitations dont le but seroit d'augmenter leurs bénéfices.

I V.

IL exciteroit ces maîtres à faire des essais propres à porter, peu à peu, leur art à la plus haute perfection : les expériences, divisées entre plusieurs, y conduiroient plus vîte & coûteroient peu de chose à chacun.

V.

QUAND le Directeur auroit remarqué dans la forge de quelque maître actif & intelligent une branche perfectionnée par ses soins, il ne manqueroit pas d'en faire part à ceux qu'il iroit visiter, afin de les engager à profiter de la découverte.

V I.

IL conduiroit les ouvriers bien instruits d'une forge à l'autre où leur sçavoir seroit utile, ils y donneroient de bonnes leçons qui porteroient la lumiere de proche en proche, & ensuite on les renvoyeroit dans leurs forges.

V I I.

LE Directeur feroit tenir par son Secrétaire un journal des opérations qu'il envoyeroit tous les ans à M. le Contrôleur général des finances : ce Ministre pourroit le faire imprimer & en faire passer un exemplaire dans toutes les forges, en invitant les maîtres d'envoyer leurs observations au Directeur ; si, au contenu du journal, on ajoutoit le détail des récompenses accordées à ceux qui se seroient distingués par d'utiles découvertes & aux ouvriers qui auroient donné des instructions à leurs camarades, on verroit au bout de dix ans, la fabrication des fers françois considérablement perfectionnée & augmentée.

VIII.

Il feroit aussi porter avec son journal un petit sac numeroté de chaque espece des mines (1) qu'il auroit visitées, dont M. le Contrôleur général composeroit, s'il le jugeoit à propos, un cabinet de minéralogie qui, bien distribué, seroit un jour aussi utile que curieux.

IXe & dernier article.

On mettroit dans ce cabinet, pour orne-

(1) Il seroit intéressant d'en faire fondre une portion par un habile Chymiste, il en donneroit l'analyse, qui serviroit aux Maîtres de forges à les traiter avec plus d'avantage pour eux & pour l'Etat.

mens, les meilleurs outils choisis par le Directeur & nécessaires à la fonte des canons, des modeles de la plus grande perfection, des arbres, roues & autres, propres à mouler de gros marteaux, des bombes, grenades & des boulets : le sieur de Guignebourg a inventé des coquilles où on moule promptement ces derniers, & d'où ils sortent très-ronds. M. Dubois, premier Commis du Bureau de la Guerre & de la Marine, en sentit le besoin peu de tems avant la derniere Paix ; il engagea le sieur de Guignebourg à faire venir à son adresse (de M. Dubois) les coquilles de chaque calibre ; mais, le danger passé, il oublia l'Auteur & les coquilles qu'il laissa à la messagerie (1).

(1) La caisse remplie de ces coquilles est encore au Bureau de la Messagerie de Bordeaux, rue Contrescarpe ; elle seroit mieux placée dans l'Arsenal du Roi.

AVANTAGES DE LA RÉGIE.

Une Régie éclairée, comme elle l'a été en France près de deux siecles, par des expériences faites & réitérées avec la plus grande attention, deviendroit la ressource de tous les ordres de l'Etat.

Le Ministre de la Guerre y trouveroit, dans un besoin pressant, le moyen d'avoir à l'instant, & dans l'endroit indiqué, toute son artillerie.

Le Ministre de la Marine auroit le même avantage; il seroit, en outre, assuré de la qualité des fers qu'on employeroit dans la construction, ce qui en augmenteroit la durée & la sûreté des Marins. Combien a-t-il péri de vaisseaux par la rupture d'une piece de fer qui a causé une voie d'eau beaucoup plus dangereuse que celle qui vient de l'altération du bois!

Les ancres, qui coûtent si cher au Roi, faites avec un fer plus nerveux, seroient meilleures & d'un moindre poids.

Les Architectes qui entreprendroient de grands édifices trouveroient à la Régie des indications qui leur procureroient des fers d'excellente qualité, & à portée de leurs chantiers.

Le Négociant qui achete en gros & fournit en détail le Public de ces fers, dont la qualité est si intéressante, comme les essieux, ne seroit jamais trompé dans ses achats en prenant la précaution de consulter la Régie.

Une Compagnie, un grand Seigneur auroient-ils des forges à faire valoir ou à établir? ils trouveroient dans la Régie le modele des machines les plus parfaites, & des lumieres pour conduire ceux à qui ils voudroient donner leur confiance.

Quels biens cette Régie, depuis si long-tems la terreur des forges, ne procureroit-elle pas à l'Etat! Elle rendroit à ces manufactures la liberté, un des puissans ressorts du génie des Artistes, dont l'émulation seroit, tous les ans, excitée par le récit des découvertes de leurs confreres. Ces découvertes appartiendroient à tous les citoyens qui, chaque jour, pourroient entrer dans le cabinet où elles seroient réunies.

Lû & approuvé. A Paris ce 17 Août 1774. MARIN.

Vu l'Approbation, permis d'imprimer ce 28 Août 1774. LENOIR.

A PARIS, chez P. G. SIMON, Imprimeur du Parlem.
rue Mignon S. André-des-Arcs, 1774.

www.ingramcontent.com/pod-product-compliance
Ingram Content Group UK Ltd.
Pitfield, Milton Keynes, MK11 3LW, UK
UKHW012118240726
13965UKWH00005B/1831